Markus Lüersmann

Hydraulic Fracturing in Nordwalde

Untersuchung des geplanten Hydraulic Fracturing-Projekts von unkonventionellem Erdgas in Nordwalde im Hinblick auf ökologische Belastungen und Wirtschaftlichkeit

GRIN Verlag

Bibliografische Information der Deutschen Nationalbibliothek:

Die Deutsche Bibliothek verzeichnet diese Publikation in der Deutschen National-
bibliografie; detaillierte bibliografische Daten sind im Internet über http://dnb.d-
nb.de/ abrufbar.

Impressum:

Copyright © 2011 GRIN Verlag, Open Publishing GmbH
Druck und Bindung: Books on Demand GmbH, Norderstedt Germany
ISBN: 978-3-640-94773-7

Dieses Buch bei GRIN:

http://www.grin.com/de/e-book/174157/hydraulic-fracturing-in-nordwalde

FACHARBEIT

im Grundkurs Erdkunde

Untersuchung des geplanten Hydraulic Fracturing-Projekts von unkonventionellem Erdgas in Nordwalde im Hinblick auf ökologische Belastungen und Wirtschaftlichkeit

Verfasser: Markus Lüersmann

Inhaltsverzeichnis

1. Einleitung

Das Thema hat mich sehr angesprochen, weil mich der Galileo-Bericht vom 15.12.2010 so faszinierte und ich mich fragte, wie man einerseits Gasvorkommen mit neuester Technologie aus bisher unerreichten Ebenen fördern kann, jedoch gleichzeitig in einem Industrieland fatale Fehler zulässt, sodass durch Aktivierungsenergie nicht nur Wasser sondern gleichzeitig brennendes Erdgas aus den Wasserhähnen strömt.

Als berichtet wurde, dass solches Projekt in unmittelbarer Umgebung meines Wohnortes in Deutschland umgesetzt werden soll, stellte sich für mich die Frage, ob dieses Prinzip sinnvoll und effizient genug ist um potentiell gefährliche ökologische Folgen in Kauf zu nehmen.

2. Vorstellung des Prinzips

2.1 Voraussetzungen in Deutschland

Damit eine Gasbohrung in Deutschland überhaupt erfolgen kann, müssen folgende Aspekte erfüllt werden: Eine Umweltverträglichkeitsprüfung mit Öffentlichkeitsbeteiligung, sowie die Offenlegung der Chemikalien und die Quantifizierung der Mengen muss im Vorfeld geschehen. Des Weiteren sind die Betriebsangaben, Verbräuche und Emissionen zu monitorisieren. Aus der Lebenszyklusanalyse, mit Ermittlung des Energieaufwandes und der sonstigen Umwelteinwirkungen, folgt die Berechnung der spezifischen Umweltauswirkung je Fördermenge. Wenn diese Punkte den Mindestmaßstäben entsprechen, kann eine Genehmigung in dem jeweiligen Bezirk erfolgen.[1]

2.2 Tätigkeiten in Nordwalde

Das vor Ort tätige Energieunternehmen „ExxonMobil" gibt an, dass „Die Einhaltung der gesetzlichen Vorgaben [...] durch eine schalltechnische Untersuchung eines unabhängigen Gutachters (TÜV-Nord) überprüft [worden ist]." Der gesetzlich vorgeschriebene Maximalpegelwert wird in einem Umkreis von 300 bis 500 Metern von 45 dB(A) erreicht. Die zwei benachbarten Windkraftanlagen, welche zusätzliche Lärmemissionen erzeugen, wurden bei der Berechnung berücksichtigt. Während der geplanten, vier- bis sechswöchigen Kernbohrung werden diese jedoch abgeschaltet, weil die Gefahr von Eisschlag und ein möglicher Umsturz

---

[1] Dr. Zittel, W., Unkonventionelles Erdgas in NRW (Öffentliche Veranstaltung im Landtag NRW), 10.11.2010

des Aggregats ExxonMobil als zu groß erscheint.[2] Im Laufe der Explorationsbohrung, welche bei dem Unternehmen mit ca. zwei Millionen Euro zu Buche schlägt, „sollen insgesamt 150-300 Kernproben aus unterschiedlichen Bereichen des Oberkarbon entnommen und anschließend im Labor untersucht werden."[3] Das potentielle, 3000 m^2 große Bohrland[4] wurde bereits am 20.08.2010 an ExxonMobil verpachtet, danach vermessen und abgesteckt.[5] Des Weiteren finden zum Thema Grundwasserschutz Gespräche mit den Unternehmen Stadtwerke Steinfurt, Arbeitskreis Wasserwerke, Halterner Sande und der Bezirksregierung Arnsberg statt, um einen Antrag auf wasserrechtliche Erlaubnis zu stellen.[6] Die Probebohrungen in Nordwalde sind bereits bei der zuständigen Bezirksregierung Arnsberg beantragt und die Chemikalien sind offengelegt worden. „Diese Aufsuchungserlaubnis berechtigt und verpflichtet u.a. zum Abteufen mehrerer sog. Kernbohrungen."[7] Außerdem werden Alarm- und Gefahrenabwehrpläne entwickelt um bei einer Hochwassersituation angemessen reagieren zu können.[8] „Ob es zu einer Förderung im Münsterland kommen wird, lässt sich frühestens in einigen Jahren entscheiden."[9]

3. Erdgas

3.1 Erdgas in Deutschland

Erdgasfelder in Deutschland sind vergleichsweise „klein und in ein kompliziertes geologisches Gefüge eingebettet."[10] Daher sind diese schwer auszubeuten und deutlich ertragsärmer als Lagerstätten im vorderen Orient und in der GUS. „Die Erdgasförderung in Höhe von über 20 Mrd. m^3, die ein Fünftel des Bedarfs [in Deutschland] deckt, ist [...] [tendenziell] ein wirtschaftlich und politisch stabilisierender und vor Pressionen schützender Faktor."[11]

---

[2] Dipl. Ing. Stahlhut, N., Mit Energie die Zukunft sichern (ExxonMobil-Präsentation im Regionalrat Münster), 19.01.2011

[3] ExxonMobil, Kernbohrungen, http://www.erdgassuche-in-deutschland.de/erdgas/kernbohrungen/kernbohrungen.html (19.02.2011, 13:08)

[4] Wäschenbach, J., Suche nach Erdgas weckt Goldgräberstimmung, http://www.mt-online.de/lokales/wirtschaft/3966422_Suche_nach_Gas_weckt_Goldgraeberstimmung.html (06.02.2011, 17:24)

[5] Elsdorff, M., Experteninterview, 04.02.2011

[6] Dr. Zittel, W., Unkonventionelles Erdgas in NRW (Öffentliche Veranstaltung im Landtag NRW), 10.11.2010

[7] ExxonMobil, Kernbohrungen, http://www.erdgassuche-in-deutschland.de/erdgas/kernbohrungen/kernbohrungen.html (19.02.2011, 13:08)

[8] Dipl. Ing. Stahlhut, N., Mit Energie die Zukunft sichern (ExxonMobil-Präsentation im Regionalrat Münster), 19.01.2011

[9] ExxonMobil, Landschaft, http://www.erdgassuche-in-deutschland.de/sicherheit_umwelt_umfeld/landschaft/landschaft.html (19.02.2011, 12:36)

[10] Buja, H., Deutschlands Bodenschätze, Halle 2010, S. 91

[11] Buja, H., Deutschlands Bodenschätze, Halle 2010, S. 91

Der jährlich geförderte, fossile Brennstoff Erdgas „würde ausreichen, [um] mehr als 10 Millionen Haushalte [...] zu beheizen."[12]

3.2 Konventionelles Erdgas

„Der bisher am häufigsten erschlossene Erdgaslagerstättentyp sind Gasvorkommen in so genannten Erdgasfallen. Das während seiner Migration durch die Porenräume des Gesteins nach oben steigende Erdgas sammelt sich unter undurchlässigen Schichten wie etwa Tonschichten in geeigneten geologischen Strukturen wie etwa Sätteln. Sehr häufig treten Erdöl und Erdgas in ihren Lagerstätten in unterschiedlichen Zusammensetzungen zusammen auf (Kohlenwasserstofffelder); dabei sammelt sich das Erdgas oberhalb des Erdöls. Reine Erdölfelder sind selten, reine Erdgasfelder wegen der durch die geringe Dichte bedingten einfacheren Migration häufiger. Das bei der Erdölgewinnung anfallende Erdgas wird abgetrennt und gesondert verarbeitet."[13]

3.3 Unkonventionelles Erdgas in Nordwalde

3.3.1 Kohleflözgas

Die genaue Bezeichnung für die potentielle Förderstätte in Nordwalde lautet „Nordwalde Z1". Das „Z1" steht für die erste, anstehende Probebohrung. In diesem Gebiet kann Kohleflözgas bzw. Coal Bed Methane (CNM) gefördert werden.[14] „Erdgas ist dort in Kohleflözen gebunden. Das Methan wird von der Kohle adsorbiert, aufgrund seiner großen Oberfläche kann ein Kohleflöz bis zu sieben Mal mehr Methan enthalten als eine Erdgaslagerstätte. Je tiefer das Kohleflöz liegt, desto höher sind Druck und Temperatur, desto höher ist der gewinnbare Methananteil."[15] „Ganz Norddeutschland und die südliche Nordsee werden in 3.000 bis über 7.000 m Tiefe von den gleichen Kohleflözen des Karbons unterlagert [...]. Sie sind das Erdgasmuttergestein, von dem so gut wie alle Gaslagerstätten gespeist wurden, die man in Norddeutschland, Holland und der südlichen Nordsee kennt."[16]

---

[12] Buja, H., Deutschlands Bodenschätze, Halle 2010, S. 263

[13] Wikipedia, Erdgas, http://de.wikipedia.org/wiki/Erdgas#Grundlagen (19.02.2011, 19:03)

[14] Dipl. Ing. Stahlhut, N., Mit Energie die Zukunft sichern (ExxonMobil-Präsentation im Regionalrat Münster), 19.01.2011

[15] Wikipedia, Kohleflözgas, http://de.wikipedia.org/wiki/Kohlefl%C3%B6zgas (19.02.2011, 19:03)

[16] Buja, H., Deutschlands Bodenschätze, Halle 2010, S. 89

3.3.2 Kohleflözgasförderung

„Aus diesen tiefliegenden Erdgaslagerstätten [...] können bei gering durchlässigem Gestein oftmals keine für eine wirtschaftliche Produktion erforderlichen Förderraten erzielt werden. Eine Verbesserung der Förderrate lässt sich durch die moderne Horizontalbohrtechnik und unter bestimmten Voraussetzungen durch Anwendung des so genannten Frac-Verfahrens erreichen. Dieses zielt darauf ab, die Durchlässigkeit der Lagerstätte durch die Schaffung von künstlichen Fließwegen zu steigern. Dabei wird das Gestein durch Einpressen einer mit Spezialsand beladenen Flüssigkeit unter hohem Druck aufgebrochen [...]. Ein hydraulischer Druck von rund 1.000 bar erzeugt im Gestein Risse von mehreren 100 m Länge. Diese werden mit einem Stützmittel gefüllt, das aus Spezialsand besteht. Es soll die künstlichen Risse im Gestein offen halten und damit dauerhaft bessere Fließbedingungen für das Erdgas schaffen.“[17]

3.3.3 Bohrtechnik

Eine mögliche Bohrung in Nordwalde Z1 wird von dem Konzern „ExxonMobil“ durchgeführt und das Bohrloch wird folgendermaßen aufgebaut:

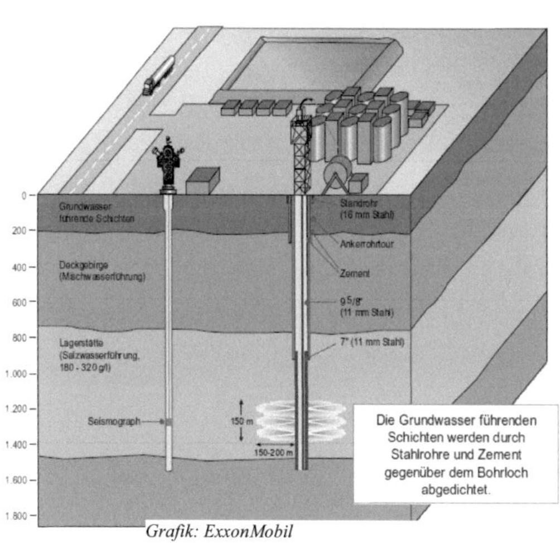

Grafik: ExxonMobil

Die Bohrung wird mit einem 16 Millimeter mächtigem Stahlrohr, umgeben von zwei Betonwänden, in der grundwasserführenden Schicht abgesichert. Damit die Auswirkungen der hydraulischen Behandlung beobachtet werden können, wird in unmittelbarer Nähe des Frac-Vorgangs ein Seismograph in die Erde eingelassen. Bei einer erfolgreichen Probebohrung sind vier bis sechs solcher Bohrungen pro Quadratkilometer geplant.[18]

---

[17] Buja, H., Deutschlands Bodenschätze, Halle 2010, S. 264 und S. 265

[18] Schäfer, M., Wir sehen die Risiken, in: Westfälische Nachrichten 15.02.2011

4. Geologische Situation um Nordwalde

4.1 Lokalisierung der Explorationsbohrung

Die Gemeinde Nordwalde befindet sich im nordrheinwestfälischen Münsterland und liegt ungefähr 15 Kilometer nordwestlich von Münster entfernt. Die abgesteckte Bohrfläche befindet sich, rund 4,5 Kilometer nördlich von Nordwalde, im Gemeindeteil Scheddebrock. Die über „www.openstreetmap.org" ermittelte geografische Lage ist:

Breitengrad: 52.11975°   nördlich,
Längengrad: 7.46417°   östlich.

Bohrfläche (Stand: 14.02.2011), Abb. vom Verfasser

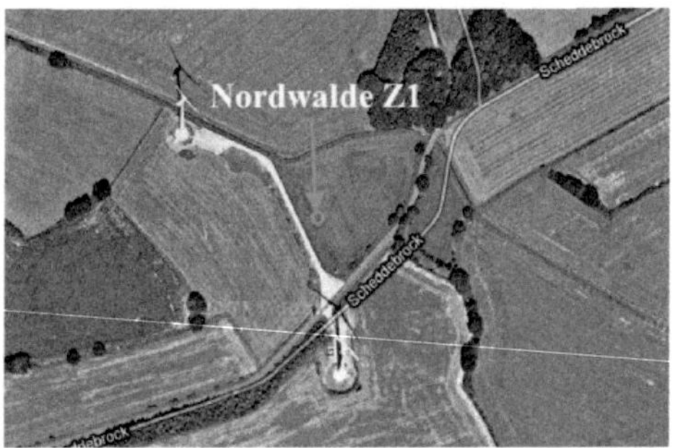

Abb. von GoogleEarth, Ergänzungen vom Verfasser

4.1 Die Oberfläche

„Nordwalde liegt am Ostrand der aus Mergel- und Tonmergelsteinen der Oberkreide aufgebauten Altenberger Höhen. Östlich des Ortes breitet sich eine aus lockeren Sedimenten des Quartärs gebildete Verebnungsfläche aus. Die überwiegend aus Sanden und kiesigen Sande bestehenden Ablagerungen können Dicken („Mächtigkeiten") bis zu 20 m erreichen. Sie stellen gute Grundwasserträger dar, die stellenweise – wie der Münsterländer Kiessandzug - zur Gewinnung von Trinkwasser genutzt werden. In dem nördlich von Nordwalde gelegenen Teil dieses Kiessandzuges befinden sich die Brunnenfelder des Wasserwerks der Stadt Steinfurt, von dem auch Nordwalde mit Trinkwasser versorgt wird."[19]

---

[19] Die geologische Situation in Nordwalde und ihre Beziehung zu der geplanten Gewinnung von unkonventionellem Erdgas, http://www.gegen-gasbohren.de/ig-nordwalde/zur-geologie-in-nordwalde/ (01.03.2011, 17:34), der Verfasser möchte nicht genannt werden. Die verwendeten Quellen sind im Anhang vorzufinden.

4.2 Der Untergrund

„Der durch die Auflage des Quartärs verhüllte tiefere Untergrund besteht aus schwach geneigten Schichten der Kreide, dem so genannten Deckgebirge, und dem gefalteten Grundgebirge, das zuoberst von Ablagerungen des Oberkarbons gebildet wird. Die genaue Schichtenfolge ist durch die bereits 1955 abgeteufte Bohrung Borghorst 1 bekannt geworden. [...] Unter 4 m Quartär folgen bis zu einer Tiefe von 1336 m Ton-, Tonmergel- und Kalksteine der Kreide, zum Tieferen schließen sich Tonsteine, Sandsteine und Kohleflöze des Oberkarbons an, die eine Sattelstruktur bilden.

Das von den Kreide-Schichten aufgebaute Deckgebirge besteht im unteren Bereich überwiegend aus geklüfteten kalkigen und damit durchlässigen Kalk- und Kalkmergelsteinen, erst im oberen etwa 750 m mächtigen Abschnitt treten schwächer geklüftete Tonmergelsteine auf. Damit ist eine gewisse Abdichtung des oberen Grundwasserstockwerks zum tieferen Untergrund gegeben. Örtlich kann allerdings die Durchlässigkeit für Wasser und Gase entlang von Störungszonen stark erhöht sein."[20]

5. Analyse

5.1 Wirtschaftliche Vorteile

5.1.1 Unabhängigkeit

Eine voraussichtliche Produktion in Nordwalde und Umgebung trägt zu einer unabhängigen Energiesicherung im Münsterland bei. Folglich sinkt mit jeder Bohrung der Importbedarf von Erdgas in der BRD und das gewonnene Erdgas leistet Versorgungssicherheit. „Die geologischen Chancen für die Entwicklung neuer Reserven sind vor allem beim Erdgas günstig."[21] Somit können Ressourcen zu Reserven entwickelt werden, weil nach neuesten Erkenntnissen noch einmal annähernd das gleiche Reservevolumen wie das heute bekannte, erschließbar ist.[22]

---

[20] Die geologische Situation in Nordwalde und ihre Beziehung zu der geplanten Gewinnung von unkonventionellem Erdgas, http://www.gegen-gasbohren.de/ig-nordwalde/zur-geologie-in-nordwalde/ (01.03.2011, 17:34), der Verfasser möchte nicht genannt werden. Die verwendeten Quellen sind im Anhang vorzufinden.

[21] Buja, H., Deutschlands Bodenschätze, Halle 2010, S. 264

[22] Buja, H., Deutschlands Bodenschätze, Halle 2010, S. 264

5.1.2 Neue Arbeitsplätze

ExxonMobil investiert rund 1 Milliarde Euro in das Münsterland und schafft 7000 neue Arbeitsplätze, sodass der Energiesektor in Nordrhein-Westfalen eine Expansion bis zur Hochkonjunktur erfährt.[23]

5.1.3 Preisstabilität

Der Energiebedarf steigt weltweit exponentiell an und die Erdgasproduktion in Deutschland geht zurück.[24] Folglich steigt die Nachfrage und es sinkt das Angebot in der Bundesrepublik. Der Import muss die sinkende Eigenproduktion kompensieren und die Preise steigen aufgrund der größer werdenden Abhängigkeit und Weltmarktsituation an.

5.2 Wirtschaftliche Nachteile

5.2.1 Stilllegung von Windkraftanlagen

Wie bereits in 2.2 erwähnt, werden die zwei benachbarten Windkraftanlagen (in 4.1 erkennbar) während der Bohrung vier bis sechs Wochen stillgelegt. Die Konsequenz daraus ist, dass ExxonMobil den Windkraftanlagenbetreiber für diesen Zeitraum 258 MWh bis 387 MWh zu entschädigen hat.[25] Aufgrund der insgesamt vier Windenergieanlagen im Umkreis der voraussichtlichen Bohrfläche sind bei weiteren Frac-Anlagen in der Nähe von Nordwalde Z1 weitere Windräder vom Netz zu trennen. Somit werden statt erneuerbarer Energien fossile Brennstoffe bevorzugt.

5.2.2 Verkehr

Um einen Bohrplatz aufzubauen, die Bohranlage zu installieren und abzutransportieren, sind überschlägig 230 bis 300 Lastkraftwagenbewegungen nötig, welche durch

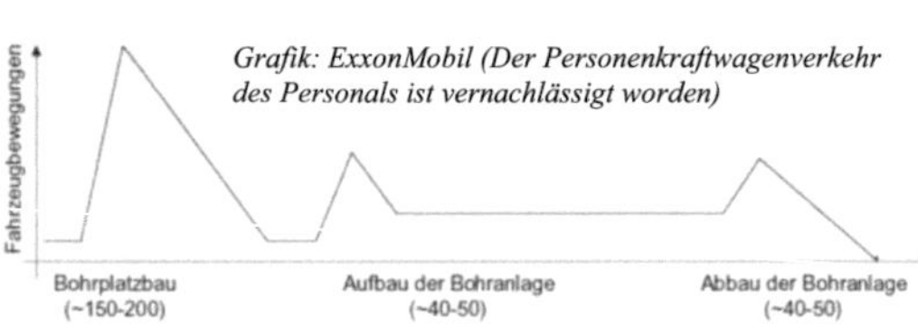

den nicht unerheblichen Kraftstoffverbrauch die Gewinnbilanz an fossilen Brennstoffen verringert.

---

[23] Elsdorff, M., Experteninterview, 04.02.2011

[24] ExxonMobil Production Deutschland GmbH, E-Mail Antwort vom 8.02.2011

[25] aus www.energymap.info (s. Anhang) für zwei Windkraftanlagen in Nordwalde berechnet (03.03.2011, 17:32)

Außerdem könnte die Zufuhrlandstraße in Nordwalde, welche schmal und abgefahren ist (Eigenurteil), durch die ungewohnte Belastung an Schwerlastzügen deutliche Schäden erleiden, die ebenfalls durch den Energiekonzern ExxonMobil beglichen werden müssten.[26]

5.3 Ökologische Vorteile

5.3.1 Sauberer Brennstoff

Erdgas ist der Energieträger mit dem kleinsten CO_2-Anteil bei der Verbrennung, weil zum Beispiel 55% weniger Kohlenstoffdioxid als bei Kohle entsteht. Es kann in flexibel steuerbaren Erdgaskraftwerken eingesetzt werden und ein wirtschaftlicher Partner zur Stromerzeugung aus Wind und Sonne sein.[27]

5.4 Ökologische Nachteile

5.4.1 Grundwasserbeeinträchtigung

Es besteht eine große Gefahr von Grundwasserbeeinträchtigungen, weil lediglich 30% der eingesetzten Chemikalien wieder an die Oberfläche gefördert werden und das restliche Abfallprodukt in dem Kohleflözgestein verweilt, und mit der Zeit in Grundwasserreservoirs vordrängen kann.[28]

Außerdem befindet sich in der Umgebung von Nordwalde der münsterländische Kiessandrücken, in dem ein starker Grundwasserstrom verläuft, aus dem drei städtische Wasserwerke ihr Trinkwasser für die Stadt Münster beziehen.[29] Wenn in der Grundwasserschicht Rohre dem Druck nicht standhalten, oder das Material nicht fehlerfrei verlegt wurde, gelangen nicht nur Chemikalien, sondern auch das geförderte Erdgas in diese Schicht und es entsteht eine flächendeckende, ökologische Katastrophe. Die Konsequenzen wurden Anwohnern von Fracing-Anlagen in den USA bereits bewusst, weil diese durch hochgradig giftiges Trinkwasser, in

---

[26] ExxonMobil, Verkehr, http://www.erdgassuche-in-deutschland.de/sicherheit_umwelt_umfeld/verkehr/verkehr.html (19.02.2011, 12:55)

[27] Dr. Pick, H., Erdgas – unverzichtbare Brücke auf dem Weg zu 2050, in: WEG kompakt 4/2010, S. 2 und 3

[28] Schultz, S., US-Konzern presste giftige Chemikalien in Niedersachsens Boden, http://www.spiegel.de/wirtschaft/unternehmen/0,1518,725697,00.html (08.03.2011, 20:52)

[29] Heuer, W., Winter, K. und Fraktion, Moratorium für Gasbohrungen vor Münsters Toren, http://www.spd-muenster.de/meldung.php?meldung=4123 (07.02.2011, 18:40)

dem nachweisbar Gas und Chemikalien vorhanden sind, mit ernsthaften gesundheitlichen Problemen kämpfen müssen.[30]

5.4.2 Erdbebengefahr

Darüber hinaus könnten sowohl kurz- als auch langfristig Erdbeben drohen, die durch das Hydraulic Fracturing entstehen. Während der Förderung wird mit einem hohen Druck von 300 bis 1000 bar die Frac-Lösung in das Erdreich gepumpt, um das Erdgas vom Kohleflözgestein freizusetzen.[31] Aufgrund des waagerechten Verlaufs der Bohrung und somit der Frac-Risse, sind Erdverschiebungen jenseits der Förderstätte nicht auszuschließen, wenn die darüber liegenden Erdschichten dem Druck nicht stand halten. Langfristig gesehen, könnten die leeren Frac-Risse einstürzen, wenn diese das Gewicht der aufwärts gelegenen Erdschichten nicht tragen können und Erdreich nach sich ziehen.

5.4.3 Abfallprodukte

Ein weiterer Aspekt ist, dass das Abfallprodukt „Used Water" problematische Substanzen in erheblichen Mengen enthält. In der verwendeten Frac-Lösung, welche zurück zur Erdoberfläche befördert wird, sind zusätzlich zu den Chemikalien noch Stoffe aus dem tiefen Erdreich vorhanden. Natürliche, radioaktive Stoffe, wie Radium 226 (ein natürlicher Alpha-Strahler), Sulfate (insbesondere Bariumsulfat) ziehen eine aufwendige, fachgerechte Entsorgung der mit Salz gesättigten Lösung nach sich.

Die sog. NORM-Stoffe (NORM – naturally occuring radioactive materials) sind in der deutschen Erdgas und Erdölproduktion mit durchschnittlich 150 t ein wesentlicher Bestandteil der Entsorgung.[32]

---

[30] Dokumentarfilm Gasland, ProSieben Galileo Beitrag vom 15.12.2010

[31] Heuer, W., Winter, K. und Fraktion, Moratorium für Gasbohrungen vor Münsters Toren, http://www.spd-muenster.de/meldung.php?meldung=4123 (07.02.2011, 18:40)

[32] WEG, FAQ – Antworten auf häufig gestellte Fragen, http://www.erdoel-erdgas.de/FAQ___Antworten_auf_h%E4ufig_gestellte_Fragen-319-1-161b.html (19.02.2011, 12:19)

6. Abschließende Auswertung

6.1 Eigene Stellungnahme

Meine persönliche Meinung zu diesem Projekt ist, dass es keine ökologisch vertretbare Lösung des weltweit hohen Energiebedarfs ist, weil das Risiko einer Naturkatastrophe, im Vergleich zur Wirtschaftlichkeit, keineswegs tragbar ist.

Für das Unternehmen „ExxonMobil" sind die potentiellen Profite immens hoch, sodass ebenso die Gemeinde Nordwalde durch die Lukrativität des Hydraulic Fracturing-Projekts beflügelt wird.

Zunächst entlastet jedes neues Gasfördergebiet „die Leistungsbilanz der Bundesrepublik Deutschland und verringert die politische Abhängigkeit. Jeder Kubikmeter Erdgas [...], [der] im Inland gefördert [wird], braucht nicht importiert zu werden."[33] Außerdem geht die Erdgasproduktion in Deutschland stetig zurück, welche eine größer werdende Import-Abhängigkeit von Ländern mit großen fossilen Brennstoffvorkommen zur Folge hat. Aufgrund der weltweit hohen Nachfrage an Energie steigen die Preise langfristig weiter an und durch die Relation von Erdgas kann dieses als Überbrückungsstoff zu erneuerbaren Energien dienen.

Des Weiteren wäre das Unternehmen „ExxonMobil" vor Ort Arbeitgeber, Steuerzahler, Auftraggeber und ist hinsichtlich dessen ein wichtiger Wirtschaftsfaktor, insbesondere in strukturschwachen ländlichen Gebieten, wie zum Beispiel Nordwalde.[34] Vor allem die Vorgaben 7000 neue Arbeitsplätze im Münsterland zu schaffen und 1 Milliarde Euro in diese Region zu investieren, kann für die Gemeinde eine Chance sein, sozial und wirtschaftlich aufzuleben.

Ökologisch betrachtet ist Erdgas ein sauberer Brennstoff, weil es den kleinsten CO_2-Anteil bei der Verbrennung hat und somit zum Beispiel eine Alternative zu Benzin in der Automobilbranche oder zu Kohlekraftwerken ist, weil der Brennwert nur gering unter dem von Benzin, jedoch deutlich über Kohle liegt. Darüber hinaus ist es im Erwerb günstiger als Benzin und wenn man das Kohlenstoffdioxid in den Erdgaskraftwerken durch modernste Filter abfängt, ist es durch die weniger schädlichen Abfälle, als radioaktive Stoffe, ein Ersatz für Atomkraftwerke. Allerdings ist das verwendete angereicherte Uran 235 in Kernkraftwerken weitaus effizienter als Gas und deswegen leistungsfähiger.

---

[33] Buja, H., Deutschlands Bodenschätze, Halle 2010, S. 263

[34] Buja, H., Deutschlands Bodenschätze, Halle 2010, S. 263

Dem gegenüber stehen ökologische Belastungen und Bedenken, denn sogar bei der Kohleflözgasförderung fallen natürlich radioaktive Stoffe an, die nach der hydraulischen Behandlung mit der verwendeten Frac-Flüssigkeit aus dem Erdinneren an die Oberfläche gefördert werden. Dieses hochgradig giftige Gemisch muss fachgerecht entsorgt werden und letztendlich bedeutet dies, dass das gefährlichste Segment der Lösung, ähnlich wie Kernkraftwerkabfall, endgelagert wird, selbst wenn die Strahlenbelastung bedeutend geringer ist.

Eine weitere Komplexität ist die angesprochene Frac-Lösung. Diese, auf Sand und Wasser aufgebaute Lösung, beinhaltet Chemikalien, die für Wasser und Organismen gefährlich sind. Es ist unverantwortlich 70% der verwendeten Flüssigkeit in den Kohleflözen langfristig zu lagern, weil durch das „Aufbrechen von Spalten[...][, die] Auflockerung des Gesteinverbandes, Kluftzonen und Störungsbereiche im Deckengebirge geöffnet und somit Wege zum Aufstieg von Gasen und Flüssigkeiten in das obere Grundwasserstockwerk geschaffen werden."[35] Eine ökologische Katastrophe für das Münsterland wäre durch einen solchen Vorfall vorprogrammiert, weil in Münster und Umgebung qualitativ hochwertiges Trinkwasser produziert wird.[36]

Die hydraulische Behandlung löst mit einem hohen Druck Erdbeben der Stufe null bis zwei auf der Richterskala aus, welche erst einmal für den Menschen an der Oberfläche nicht spürbar ist. Das eigentliche Gefahrenpotential besteht in den Kohleflözspalten, aus denen das Erdgas herausgepresst wird, denn es ist fraglich ob die Stabilisierungsmaterialien der Frac-Lösung dem hohen Druck des Erdreichs in über 1000 Meter Tiefe standhalten. Es könnten demzufolge, langfristig starke Erdbeben entstehen oder Erdmassen ins Erdinnere gezogen werden. Dem entsprechend wären Anwohner gefährdet und es könnten irreparable Schäden auftreten.

---

[35] Die geologische Situation in Nordwalde und ihre Beziehung zu der geplanten Gewinnung von unkonventionellem Erdgas, http://www.gegen-gasbohren.de/ig-nordwalde/zur-geologie-in-nordwalde/ (01.03.2011, 17:34), der Verfasser möchte nicht genannt werden. Die verwendeten Quellen sind im Anhang vorzufinden.

[36] Schäfer, M., „Wir sehen die Risiken", in: Westfälische Nachrichten 15.02.2011

6.2 Schlusswort

Meine persönliche Meinung ist, dass das Projekt in Nordwalde nicht stattfinden sollte, da die Technik neu und unausgereift ist. Ebenso ist die Auswahl von Nordwalde als Standort für eine risikoreiche Fördertechnik unpassend, weil die Gefährdung von Grundwasser in einem Radius bis Münster und Steinfurt besteht, das für hunderttausende Menschen von größter Bedeutung ist. Die eingesetzte Technik sollte weiter erforscht werden und falls eine deutliche Risikooptimierung entwickelt wurde, kann man in einigen Jahren erneut über eine Hydraulic Fracturing CNM Förderung reden, die wirtschaftlich und insbesondere ökologisch in Nordwalde vertretbar ist.